中华人民共和国监察法
中华人民共和国公职人员政务处分法
中华人民共和国公务员法

中国法制出版社

目　　录

中华人民共和国监察法

（2018年3月20日第十三届全国人民代表大会第一次会议通过　2018年3月20日中华人民共和国主席令第3号公布　自公布之日起施行）

目　　录

第一章　　总　　则

第一条　为了深化国家监察体制改革，加强对所有行使公权力的公职人员的监督，实现国家监察全面覆盖，深入开展反腐败工作，推进国家治理体系和治理能力现代化，根据宪法，制定本法。

第二条　坚持中国共产党对国家监察工作的领导，以马克思列宁主义、毛泽东思想、邓小平理论、“三个代表”重要思想、科学发展观、习近平新时代中国特色社会主义思想为指导，构建集中统一、权威高效的中国特色国家监察体制。

第三条　各级监察委员会是行使国家监察职能的专责机关，依照本法对所有行使公权力的公职人员（以下称公职人员）进行监察，调查职务违法和职务犯罪，开展廉政建设和反腐败工作，维护宪法和法律的尊严。

第四条　监察委员会依照法律规定独立行使监察权，不受行政机关、社会团体和个人的干涉。

监察机关办理职务违法和职务犯罪案件，应当与审判机关、检察机关、执法部门互相配合，互相制约。

监察机关在工作中需要协助的，有关机关和单位应当根据监察机关的要求依法予以协助。

第五条　国家监察工作严格遵照宪法和法律，以事实为根据，以法律为准绳；在适用法律上一律平等，保障当事人的合法权益；权责对等，严格监督；惩戒与教育相结合，宽严相济。

第六条 国家监察工作坚持标本兼治、综合治理，强化监督问责，严厉惩治腐败；深化改革、健全法治，有效制约和监督权力；加强法治教育和道德教育，弘扬中华优秀传统文化，构建不敢腐、不能腐、不想腐的长效机制。

第二章 监察机关及其职责

第七条 中华人民共和国国家监察委员会是最高监察机关。

省、自治区、直辖市、自治州、县、自治县、市、市辖区设立监察委员会。

第八条 国家监察委员会由全国人民代表大会产生，负责全国监察工作。

国家监察委员会由主任、副主任若干人、委员若干人组成，主任由全国人民代表大会选举，副主任、委员由国家监察委员会主任提请全国人民代表大会常务委员会任免。

国家监察委员会主任每届任期同全国人民代表大会每届任期相同，连续任职不得超过两届。

国家监察委员会对全国人民代表大会及其常务委员会负责，并接受其监督。

第九条 地方各级监察委员会由本级人民代表大会产生，负责本行政区域内的监察工作。

地方各级监察委员会由主任、副主任若干人、委员若干人组成，主任由本级人民代表大会选举，副主任、委员由监察委员会主任提请本级人民代表大会常务委员会任免。

地方各级监察委员会主任每届任期同本级人民代表大会每届任期相同。

地方各级监察委员会对本级人民代表大会及其常务委员会和上一级监察委员会负责，并接受其监督。

第十条 国家监察委员会领导地方各级监察委员会的工作，上级监察委员会领导下级监察委员会的工作。

第十一条 监察委员会依照本法和有关法律规定履行监督、调查、处置职责：

（一）对公职人员开展廉政教育，对其依法履职、秉公用权、廉洁从政从业以及道德操守情况进行监督检查；

（二）对涉嫌贪污贿赂、滥用职权、玩忽职守、权力寻租、利益输送、徇私舞弊以及浪费国家资财等职务违法和职务犯罪进行调查；

（三）对违法的公职人员依法作出政务处分决定；对履行职责不力、失职失责的领导人员进行问责；对涉嫌职务犯罪的，将调查结果移送人民检察院依法审查、提起公诉；向监察对象所在单位提出监察建议。

第十二条 各级监察委员会可以向本级中国共产党机关、国家机关、法律法规授权或者委托管理公共事务的组织和单位以及所管辖的行政区域、国有企业等派驻或者派出监察机构、监察专员。

监察机构、监察专员对派驻或者派出它的监察委员会负责。

第十三条 派驻或者派出的监察机构、监察专员根据授权，按照管理权限依法对公职人员进行监督，提出监察建议，依法对公职人员进行调查、处置。

第十四条 国家实行监察官制度，依法确定监察官的等级设置、任免、考评和晋升等制度。

第三章 监察范围和管辖

第十五条 监察机关对下列公职人员和有关人员进行监察：

（一）中国共产党机关、人民代表大会及其常务委员会机关、人民政府、监察委员会、人民法院、人民检察院、中国人民政治协商会议各级委员会机关、民主党派机关和工商业联合会机关的公务员，以及参照《中华人民共和国公务员法》管理的人员；

（二）法律、法规授权或者受国家机关依法委托管理公共事务的组织中从事公务的人员；

（三）国有企业管理人员；

（四）公办的教育、科研、文化、医疗卫生、体育等单位中从事管理的人员；

（五）基层群众性自治组织中从事管理的人员；

（六）其他依法履行公职的人员。

第十六条　各级监察机关按照管理权限管辖本辖区内本法第十五条规定的人员所涉监察事项。

上级监察机关可以办理下一级监察机关管辖范围内的监察事项，必要时也可以办理所辖各级监察机关管辖范围内的监察事项。

监察机关之间对监察事项的管辖有争议的，由其共同的上级监察机关确定。

第十七条　上级监察机关可以将其所管辖的监察事项指定下级监察机关管辖，也可以将下级监察机关有管辖权的监察事项指定给其他监察机关管辖。

监察机关认为所管辖的监察事项重大、复杂，需要由上级监察机关管辖的，可以报请上级监察机关管辖。

第四章　监 察 权 限

第十八条　监察机关行使监督、调查职权，有权依法向有关单位和个人了解情况，收集、调取证据。有关单位和个人应当如实提供。

监察机关及其工作人员对监督、调查过程中知悉的国家秘密、商业秘密、个人隐私，应当保密。

任何单位和个人不得伪造、隐匿或者毁灭证据。

第十九条 对可能发生职务违法的监察对象，监察机关按照管理权限，可以直接或者委托有关机关、人员进行谈话或者要求说明情况。

第二十条 在调查过程中，对涉嫌职务违法的被调查人，监察机关可以要求其就涉嫌违法行为作出陈述，必要时向被调查人出具书面通知。

对涉嫌贪污贿赂、失职渎职等职务犯罪的被调查人，监察机关可以进行讯问，要求其如实供述涉嫌犯罪的情况。

第二十一条 在调查过程中，监察机关可以询问证人等人员。

第二十二条 被调查人涉嫌贪污贿赂、失职渎职等严重职务违法或者职务犯罪，监察机关已经掌握其部分违法犯罪事实及证据，仍有重要问题需要进一步调查，并有下列情形之一的，经监察机关依法审批，可以将其留置在特定场所：

（一）涉及案情重大、复杂的；

（二）可能逃跑、自杀的；

（三）可能串供或者伪造、隐匿、毁灭证据的；

（四）可能有其他妨碍调查行为的。

对涉嫌行贿犯罪或者共同职务犯罪的涉案人员，监察机关可以依照前款规定采取留置措施。

留置场所的设置、管理和监督依照国家有关规定执行。

第二十三条 监察机关调查涉嫌贪污贿赂、失职渎职等严重职务违法或者职务犯罪，根据工作需要，可以依照规定查询、冻结涉案单位和个人的存款、汇款、债券、股票、基金份额等财产。有关单位和个人应当配合。

冻结的财产经查明与案件无关的，应当在查明后三日内解除冻结，予以退还。

第二十四条 监察机关可以对涉嫌职务犯罪的被调查人以及可能隐藏被调查人或者犯罪证据的人的身体、物品、住处和其他有关地方进行搜查。在搜查时，应当出示搜查证，并有被搜查人或者其家属等见证人在场。

搜查女性身体，应当由女性工作人员进行。

监察机关进行搜查时，可以根据工作需要提请公安机关配合。公安机关应当依法予以协助。

第二十五条 监察机关在调查过程中，可以调取、查封、扣押用以证明被调查人涉嫌违法犯罪的财物、文件和电子数据等信息。采取调取、查封、扣押措施，应当收集原物原件，会同持有人或者保管人、见证人，当面逐一拍照、登记、编号，开列清单，由在场人员当场核对、签名，并将清单副本交财物、文件的持有人或者保管人。

对调取、查封、扣押的财物、文件，监察机关应当设立专用账户、专门场所，确定专门人员妥善保管，严格履行交接、调取手续，定期对账核实，不得毁损或者用于其他目的。对价值不明物品应当及时鉴定，专门封存保管。

查封、扣押的财物、文件经查明与案件无关的，应当在查明后三日内解除查封、扣押，予以退还。

第二十六条 监察机关在调查过程中，可以直接或者指派、聘请具有专门知识、资格的人员在调查人员主持下进行勘验检查。勘验检查情况应当制作笔录，由参加勘验检查的人员和见证人签名或者盖章。

第二十七条 监察机关在调查过程中，对于案件中的专门性问题，可以指派、聘请有专门知识的人进行鉴定。鉴定人进行鉴定后，应当出具鉴定意见，并且签名。

第二十八条 监察机关调查涉嫌重大贪污贿赂等职务犯罪，根据需要，经过严格的批准手续，可以采取技术调查措施，按照规定交有关机关执行。

批准决定应当明确采取技术调查措施的种类和适用对象，自签发之日起三个月以内有效；对于复杂、疑难案件，期限届满仍有必要继续采取技术调查措施的，经过批准，有效期可以延长，每次不得超过三个月。对于不需要继续采取技术调查措施的，应当及时解除。

第二十九条 依法应当留置的被调查人如果在逃，监察机关可以决定在本行政区域内通缉，由公安机关发布通缉令，追捕归案。通缉范围超出本行政区域的，应当报请有权决定的上级监察机关决定。

第三十条 监察机关为防止被调查人及相关人员逃匿境外，经省级以上监察机关批准，可以对被调查人及相关人员采取限制出境措施，由公安机关依法执行。对于不需要继续采取限制出境措施的，应当及时解除。

第三十一条 涉嫌职务犯罪的被调查人主动认罪认罚，有下列情形之一的，监察机关经领导人员集体研究，并报上一级监察机关批准，可以在移送人民检察院时提出从宽处罚的建议：

（一）自动投案，真诚悔罪悔过的；

（二）积极配合调查工作，如实供述监察机关还未掌握的违法犯罪行为的；

（三）积极退赃，减少损失的；

（四）具有重大立功表现或者案件涉及国家重大利益等情形的。

第三十二条 职务违法犯罪的涉案人员揭发有关被调查人职务违法犯罪行为，查证属实的，或者提供重要线索，有助于调查其他案件的，监察机关经领导人员集体研究，并报上一级监察机关批准，可以在移送人民检察院时提出从宽处罚的建议。

第三十三条 监察机关依照本法规定收集的物证、书证、证人证言、被调查人供述和辩解、视听资料、电子数据等证据材料，在刑事诉讼中可以作为证据使用。

监察机关在收集、固定、审查、运用证据时，应当与刑事审判关于证据的要求和标准相一致。

以非法方法收集的证据应当依法予以排除，不得作为案件处置的依据。

第三十四条 人民法院、人民检察院、公安机关、审计机关等国家机关在工作中发现公职人员涉嫌贪污贿赂、失职渎职等职务违法或者职务犯罪的问题线索，应当移送监察机关，由监察机关依法调查处置。

被调查人既涉嫌严重职务违法或者职务犯罪，又涉嫌其他违法犯罪的，一般应当由监察机关为主调查，其他机关予以协助。

第五章 监察程序

第三十五条 监察机关对于报案或者举报，应当接受并按照有关规定处理。对于不属于本机关管辖的，应当移送主管机关处理。

第三十六条 监察机关应当严格按照程序开展工作，建立问题线索处置、调查、审理各部门相互协调、相互制约的工作机制。

监察机关应当加强对调查、处置工作全过程的监督管理，设立相应的工作部门履行线索管理、监督检查、督促办理、统计分析等管理协调职能。

第三十七条　监察机关对监察对象的问题线索，应当按照有关规定提出处置意见，履行审批手续，进行分类办理。线索处置情况应当定期汇总、通报，定期检查、抽查。

第三十八条　需要采取初步核实方式处置问题线索的，监察机关应当依法履行审批程序，成立核查组。初步核实工作结束后，核查组应当撰写初步核实情况报告，提出处理建议。承办部门应当提出分类处理意见。初步核实情况报告和分类处理意见报监察机关主要负责人审批。

第三十九条　经过初步核实，对监察对象涉嫌职务违法犯罪，需要追究法律责任的，监察机关应当按照规定的权限和程序办理立案手续。

监察机关主要负责人依法批准立案后，应当主持召开专题会议，研究确定调查方案，决定需要采取的调查措施。

立案调查决定应当向被调查人宣布，并通报相关组织。涉嫌严重职务违法或者职务犯罪的，应当通知被调查人家属，并向社会公开发布。

第四十条 监察机关对职务违法和职务犯罪案件，应当进行调查，收集被调查人有无违法犯罪以及情节轻重的证据，查明违法犯罪事实，形成相互印证、完整稳定的证据链。

严禁以威胁、引诱、欺骗及其他非法方式收集证据，严禁侮辱、打骂、虐待、体罚或者变相体罚被调查人和涉案人员。

第四十一条 调查人员采取讯问、询问、留置、搜查、调取、查封、扣押、勘验检查等调查措施，均应当依照规定出示证件，出具书面通知，由二人以上进行，形成笔录、报告等书面材料，并由相关人员签名、盖章。

调查人员进行讯问以及搜查、查封、扣押等重要取证工作，应当对全过程进行录音录像，留存备查。

第四十二条 调查人员应当严格执行调查方案，不得随意扩大调查范围、变更调查对象和事项。

对调查过程中的重要事项，应当集体研究后按程序请示报告。

第四十三条 监察机关采取留置措施，应当由监察机关领导人员集体研究决定。设区的市级以下监察机关采取留置措施，应当报上一级监察机关批准。省级监察机关采取留置措施，应当报国家监察委员会备案。

留置时间不得超过三个月。在特殊情况下，可以延长一次，延长时间不得超过三个月。省级以下监察机关采取留置措施的，延长留置时间应当报上一级监察机关批准。监察机关发现采取留置措施不当的，应当及时解除。

监察机关采取留置措施，可以根据工作需要提请公安机关配合。公安机关应当依法予以协助。

第四十四条 对被调查人采取留置措施后，应当在二十四小时以内，通知被留置人员所在单位和家属，但有可能毁灭、伪造证据，干扰证人作证或者串供等有碍调查情形的除外。有碍调查的情形消失后，应当立即通知被留置人员所在单位和家属。

监察机关应当保障被留置人员的饮食、休息和安全，提供医疗服务。讯问被留置人员应当合理安排讯问时间和时长，讯问笔录由被讯问人阅看后签名。

被留置人员涉嫌犯罪移送司法机关后，被依法判处管制、拘役和有期徒刑的，留置一日折抵管制二日，折抵拘役、有期徒刑一日。

第四十五条 监察机关根据监督、调查结果，依法作出如下处置：

（一）对有职务违法行为但情节较轻的公职人员，按照管理权限，直接或者委托有关机关、人员，进行谈话提醒、批评教育、责令检查，或者予以诫勉；

（二）对违法的公职人员依照法定程序作出警告、记过、记大过、降级、撤职、开除等政务处分决定；

（三）对不履行或者不正确履行职责负有责任的领导

人员，按照管理权限对其直接作出问责决定，或者向有权作出问责决定的机关提出问责建议；

（四）对涉嫌职务犯罪的，监察机关经调查认为犯罪事实清楚，证据确实、充分的，制作起诉意见书，连同案卷材料、证据一并移送人民检察院依法审查、提起公诉；

（五）对监察对象所在单位廉政建设和履行职责存在的问题等提出监察建议。

监察机关经调查，对没有证据证明被调查人存在违法犯罪行为的，应当撤销案件，并通知被调查人所在单位。

第四十六条　监察机关经调查，对违法取得的财物，依法予以没收、追缴或者责令退赔；对涉嫌犯罪取得的财物，应当随案移送人民检察院。

第四十七条　对监察机关移送的案件，人民检察院依照《中华人民共和国刑事诉讼法》对被调查人采取强制措施。

人民检察院经审查，认为犯罪事实已经查清，证据确实、充分，依法应当追究刑事责任的，应当作出起诉决定。

人民检察院经审查，认为需要补充核实的，应当退回监察机关补充调查，必要时可以自行补充侦查。对于补充调查的案件，应当在一个月内补充调查完毕。补充调查以二次为限。

人民检察院对于有《中华人民共和国刑事诉讼法》规定的不起诉的情形的，经上一级人民检察院批准，依法作出不起诉的决定。监察机关认为不起诉的决定有错误的，可以向上一级人民检察院提请复议。

第四十八条 监察机关在调查贪污贿赂、失职渎职等职务犯罪案件过程中，被调查人逃匿或者死亡，有必要继续调查的，经省级以上监察机关批准，应当继续调查并作出结论。被调查人逃匿，在通缉一年后不能到案，或者死亡的，由监察机关提请人民检察院依照法定程序，向人民法院提出没收违法所得的申请。

第四十九条 监察对象对监察机关作出的涉及本人的处理决定不服的，可以在收到处理决定之日起一个月内，向作出决定的监察机关申请复审，复审机关应当在一个月内作出复审决定；监察对象对复审决定仍不服的，可以在收到复审决定之日起一个月内，向上一级监察机关申请复核，复核机关应当在二个月内作出复核决定。复审、复核期间，不停止原处理决定的执行。复核机关经审查，认定处理决定有错误的，原处理机关应当及时予以纠正。

第六章　反腐败国际合作

第五十条 国家监察委员会统筹协调与其他国家、

地区、国际组织开展的反腐败国际交流、合作，组织反腐败国际条约实施工作。

第五十一条 国家监察委员会组织协调有关方面加强与有关国家、地区、国际组织在反腐败执法、引渡、司法协助、被判刑人的移管、资产追回和信息交流等领域的合作。

第五十二条 国家监察委员会加强对反腐败国际追逃追赃和防逃工作的组织协调，督促有关单位做好相关工作：

（一）对于重大贪污贿赂、失职渎职等职务犯罪案件，被调查人逃匿到国（境）外，掌握证据比较确凿的，通过开展境外追逃合作，追捕归案；

（二）向赃款赃物所在国请求查询、冻结、扣押、没收、追缴、返还涉案资产；

（三）查询、监控涉嫌职务犯罪的公职人员及其相关人员进出国（境）和跨境资金流动情况，在调查案件过程中设置防逃程序。

第七章 对监察机关和监察人员的监督

第五十三条 各级监察委员会应当接受本级人民代表大会及其常务委员会的监督。

各级人民代表大会常务委员会听取和审议本级监察

委员会的专项工作报告，组织执法检查。

县级以上各级人民代表大会及其常务委员会举行会议时，人民代表大会代表或者常务委员会组成人员可以依照法律规定的程序，就监察工作中的有关问题提出询问或者质询。

第五十四条 监察机关应当依法公开监察工作信息，接受民主监督、社会监督、舆论监督。

第五十五条 监察机关通过设立内部专门的监督机构等方式，加强对监察人员执行职务和遵守法律情况的监督，建设忠诚、干净、担当的监察队伍。

第五十六条 监察人员必须模范遵守宪法和法律，忠于职守、秉公执法，清正廉洁、保守秘密；必须具有良好的政治素质，熟悉监察业务，具备运用法律、法规、政策和调查取证等能力，自觉接受监督。

第五十七条 对于监察人员打听案情、过问案件、说情干预的，办理监察事项的监察人员应当及时报告。有关情况应当登记备案。

发现办理监察事项的监察人员未经批准接触被调查人、涉案人员及其特定关系人，或者存在交往情形的，知情人应当及时报告。有关情况应当登记备案。

第五十八条 办理监察事项的监察人员有下列情形之一的，应当自行回避，监察对象、检举人及其他有关人员也有权要求其回避：

（一）是监察对象或者检举人的近亲属的；

（二）担任过本案的证人的；

（三）本人或者其近亲属与办理的监察事项有利害关系的；

（四）有可能影响监察事项公正处理的其他情形的。

第五十九条 监察机关涉密人员离岗离职后，应当遵守脱密期管理规定，严格履行保密义务，不得泄露相关秘密。

监察人员辞职、退休三年内，不得从事与监察和司法工作相关联且可能发生利益冲突的职业。

第六十条 监察机关及其工作人员有下列行为之一的，被调查人及其近亲属有权向该机关申诉：

（一）留置法定期限届满，不予以解除的；

（二）查封、扣押、冻结与案件无关的财物的；

（三）应当解除查封、扣押、冻结措施而不解除的；

（四）贪污、挪用、私分、调换以及违反规定使用查封、扣押、冻结的财物的；

（五）其他违反法律法规、侵害被调查人合法权益的行为。

受理申诉的监察机关应当在受理申诉之日起一个月内作出处理决定。申诉人对处理决定不服的，可以在收到处理决定之日起一个月内向上一级监察机关申请复查，上一级监察机关应当在收到复查申请之日起二个月内作出处理决定，情况属实的，及时予以纠正。

第六十一条 对调查工作结束后发现立案依据不充分或者失实，案件处置出现重大失误，监察人员严重违法的，应当追究负有责任的领导人员和直接责任人员的责任。

第八章 法律责任

第六十二条 有关单位拒不执行监察机关作出的处理决定，或者无正当理由拒不采纳监察建议的，由其主管部门、上级机关责令改正，对单位给予通报批评；对负有责任的领导人员和直接责任人员依法给予处理。

第六十三条 有关人员违反本法规定，有下列行为之一的，由其所在单位、主管部门、上级机关或者监察机关责令改正，依法给予处理：

（一）不按要求提供有关材料，拒绝、阻碍调查措施实施等拒不配合监察机关调查的；

（二）提供虚假情况，掩盖事实真相的；

（三）串供或者伪造、隐匿、毁灭证据的；

（四）阻止他人揭发检举、提供证据的；

（五）其他违反本法规定的行为，情节严重的。

第六十四条 监察对象对控告人、检举人、证人或者监察人员进行报复陷害的；控告人、检举人、证人捏造事实诬告陷害监察对象的，依法给予处理。

第六十五条　监察机关及其工作人员有下列行为之一的，对负有责任的领导人员和直接责任人员依法给予处理：

（一）未经批准、授权处置问题线索，发现重大案情隐瞒不报，或者私自留存、处理涉案材料的；

（二）利用职权或者职务上的影响干预调查工作、以案谋私的；

（三）违法窃取、泄露调查工作信息，或者泄露举报事项、举报受理情况以及举报人信息的；

（四）对被调查人或者涉案人员逼供、诱供，或者侮辱、打骂、虐待、体罚或者变相体罚的；

（五）违反规定处置查封、扣押、冻结的财物的；

（六）违反规定发生办案安全事故，或者发生安全事故后隐瞒不报、报告失实、处置不当的；

（七）违反规定采取留置措施的；

（八）违反规定限制他人出境，或者不按规定解除出境限制的；

（九）其他滥用职权、玩忽职守、徇私舞弊的行为。

第六十六条　违反本法规定，构成犯罪的，依法追究刑事责任。

第六十七条　监察机关及其工作人员行使职权，侵犯公民、法人和其他组织的合法权益造成损害的，依法给予国家赔偿。

第九章　附　　则

第六十八条　中国人民解放军和中国人民武装警察部队开展监察工作，由中央军事委员会根据本法制定具体规定。

第六十九条　本法自公布之日起施行。《中华人民共和国行政监察法》同时废止。

中华人民共和国
公职人员政务处分法

（2020年6月20日第十三届全国人民代表大会常务委员会第十九次会议通过　2020年6月20日中华人民共和国主席令第46号公布　自2020年7月1日起施行）

目　　录

第一章　总　　则

第一条　为了规范政务处分，加强对所有行使公权力的公职人员的监督，促进公职人员依法履职、秉公用权、廉洁从政从业、坚持道德操守，根据《中华人民共和国监察法》，制定本法。

第二条　本法适用于监察机关对违法的公职人员给予政务处分的活动。

本法第二章、第三章适用于公职人员任免机关、单位对违法的公职人员给予处分。处分的程序、申诉等适用其他法律、行政法规、国务院部门规章和国家有关规定。

本法所称公职人员，是指《中华人民共和国监察法》第十五条规定的人员。

第三条　监察机关应当按照管理权限，加强对公职人员的监督，依法给予违法的公职人员政务处分。

公职人员任免机关、单位应当按照管理权限，加强对公职人员的教育、管理、监督，依法给予违法的公职人员处分。

监察机关发现公职人员任免机关、单位应当给予处分而未给予，或者给予的处分违法、不当的，应当及时提出监察建议。

第四条　给予公职人员政务处分，坚持党管干部原则，集体讨论决定；坚持法律面前一律平等，以事实为根据，以法律为准绳，给予的政务处分与违法行为的性质、情节、危害程度相当；坚持惩戒与教育相结合，宽严相济。

第五条 给予公职人员政务处分，应当事实清楚、证据确凿、定性准确、处理恰当、程序合法、手续完备。

第六条 公职人员依法履行职责受法律保护，非因法定事由、非经法定程序，不受政务处分。

第二章 政务处分的种类和适用

第七条 政务处分的种类为：

（一）警告；

（二）记过；

（三）记大过；

（四）降级；

（五）撤职；

（六）开除。

第八条 政务处分的期间为：

（一）警告，六个月；

（二）记过，十二个月；

（三）记大过，十八个月；

（四）降级、撤职，二十四个月。

政务处分决定自作出之日起生效，政务处分期自政务处分决定生效之日起计算。

第九条 公职人员二人以上共同违法，根据各自在违法行为中所起的作用和应当承担的法律责任，分别给予政务处分。

第十条 有关机关、单位、组织集体作出的决定违法或者实施违法行为的，对负有责任的领导人员和直接责任人员中的公职人员依法给予政务处分。

第十一条 公职人员有下列情形之一的，可以从轻或者减轻给予政务处分：

（一）主动交代本人应当受到政务处分的违法行为的；

（二）配合调查，如实说明本人违法事实的；

（三）检举他人违纪违法行为，经查证属实的；

（四）主动采取措施，有效避免、挽回损失或者消除不良影响的；

（五）在共同违法行为中起次要或者辅助作用的；

（六）主动上交或者退赔违法所得的；

（七）法律、法规规定的其他从轻或者减轻情节。

第十二条 公职人员违法行为情节轻微，且具有本法第十一条规定的情形之一的，可以对其进行谈话提醒、批评教育、责令检查或者予以诫勉，免予或者不予政务处分。

公职人员因不明真相被裹挟或者被胁迫参与违法活

动，经批评教育后确有悔改表现的，可以减轻、免予或者不予政务处分。

第十三条 公职人员有下列情形之一的，应当从重给予政务处分：

（一）在政务处分期内再次故意违法，应当受到政务处分的；

（二）阻止他人检举、提供证据的；

（三）串供或者伪造、隐匿、毁灭证据的；

（四）包庇同案人员的；

（五）胁迫、唆使他人实施违法行为的；

（六）拒不上交或者退赔违法所得的；

（七）法律、法规规定的其他从重情节。

第十四条 公职人员犯罪，有下列情形之一的，予以开除：

（一）因故意犯罪被判处管制、拘役或者有期徒刑以上刑罚（含宣告缓刑）的；

（二）因过失犯罪被判处有期徒刑，刑期超过三年的；

（三）因犯罪被单处或者并处剥夺政治权利的。

因过失犯罪被判处管制、拘役或者三年以下有期徒刑的，一般应当予以开除；案件情况特殊，予以撤职更为适当的，可以不予开除，但是应当报请上一级机关批准。

公职人员因犯罪被单处罚金，或者犯罪情节轻微，人民检察院依法作出不起诉决定或者人民法院依法免予刑事处罚的，予以撤职；造成不良影响的，予以开除。

第十五条 公职人员有两个以上违法行为的，应当分别确定政务处分。应当给予两种以上政务处分的，执行其中最重的政务处分；应当给予撤职以下多个相同政务处分的，可以在一个政务处分期以上、多个政务处分期之和以下确定政务处分期，但是最长不得超过四十八个月。

第十六条 对公职人员的同一违法行为，监察机关和公职人员任免机关、单位不得重复给予政务处分和处分。

第十七条 公职人员有违法行为，有关机关依照规定给予组织处理的，监察机关可以同时给予政务处分。

第十八条 担任领导职务的公职人员有违法行为，被罢免、撤销、免去或者辞去领导职务的，监察机关可以同时给予政务处分。

第十九条 公务员以及参照《中华人民共和国公务员法》管理的人员在政务处分期内，不得晋升职务、职级、衔级和级别；其中，被记过、记大过、降级、撤职的，不得晋升工资档次。被撤职的，按照规定降低职务、职级、衔级和级别，同时降低工资和待遇。

第二十条 法律、法规授权或者受国家机关依法委托管理公共事务的组织中从事公务的人员，以及公办的教育、科研、文化、医疗卫生、体育等单位中从事管理的人员，在政务处分期内，不得晋升职务、岗位和职员等级、职称；其中，被记过、记大过、降级、撤职的，不得晋升薪酬待遇等级。被撤职的，降低职务、岗位或者职员等级，同时降低薪酬待遇。

第二十一条　国有企业管理人员在政务处分期内，不得晋升职务、岗位等级和职称；其中，被记过、记大过、降级、撤职的，不得晋升薪酬待遇等级。被撤职的，降低职务或者岗位等级，同时降低薪酬待遇。

第二十二条　基层群众性自治组织中从事管理的人员有违法行为的，监察机关可以予以警告、记过、记大过。

基层群众性自治组织中从事管理的人员受到政务处分的，应当由县级或者乡镇人民政府根据具体情况减发或者扣发补贴、奖金。

第二十三条　《中华人民共和国监察法》第十五条第六项规定的人员有违法行为的，监察机关可以予以警告、记过、记大过。情节严重的，由所在单位直接给予或者监察机关建议有关机关、单位给予降低薪酬待遇、调离岗位、解除人事关系或者劳动关系等处理。

《中华人民共和国监察法》第十五条第二项规定的人员，未担任公务员、参照《中华人民共和国公务员法》管理的人员、事业单位工作人员或者国有企业人员职务的，对其违法行为依照前款规定处理。

第二十四条　公职人员被开除，或者依照本法第二十三条规定，受到解除人事关系或者劳动关系处理的，不得录用为公务员以及参照《中华人民共和国公务员法》管理的人员。

第二十五条 公职人员违法取得的财物和用于违法行为的本人财物，除依法应当由其他机关没收、追缴或者责令退赔的，由监察机关没收、追缴或者责令退赔；应当退还原所有人或者原持有人的，依法予以退还；属于国家财产或者不应当退还以及无法退还的，上缴国库。

公职人员因违法行为获得的职务、职级、衔级、级别、岗位和职员等级、职称、待遇、资格、学历、学位、荣誉、奖励等其他利益，监察机关应当建议有关机关、单位、组织按规定予以纠正。

第二十六条 公职人员被开除的，自政务处分决定生效之日起，应当解除其与所在机关、单位的人事关系或者劳动关系。

公职人员受到开除以外的政务处分，在政务处分期内有悔改表现，并且没有再发生应当给予政务处分的违法行为的，政务处分期满后自动解除，晋升职务、职级、衔级、级别、岗位和职员等级、职称、薪酬待遇不再受原政务处分影响。但是，解除降级、撤职的，不恢复原职务、职级、衔级、级别、岗位和职员等级、职称、薪酬待遇。

第二十七条 已经退休的公职人员退休前或者退休后有违法行为的，不再给予政务处分，但是可以对其立案调查；依法应当予以降级、撤职、开除的，应当按照规定相应调整其享受的待遇，对其违法取得的财物和用于违法行为的本人财物依照本法第二十五条的规定处理。

已经离职或者死亡的公职人员在履职期间有违法行为的，依照前款规定处理。

第三章　违法行为及其适用的政务处分

第二十八条　有下列行为之一的，予以记过或者记大过；情节较重的，予以降级或者撤职；情节严重的，予以开除：

（一）散布有损宪法权威、中国共产党领导和国家声誉的言论的；

（二）参加旨在反对宪法、中国共产党领导和国家的集会、游行、示威等活动的；

（三）拒不执行或者变相不执行中国共产党和国家的路线方针政策、重大决策部署的；

（四）参加非法组织、非法活动的；

（五）挑拨、破坏民族关系，或者参加民族分裂活动的；

（六）利用宗教活动破坏民族团结和社会稳定的；

（七）在对外交往中损害国家荣誉和利益的。

有前款第二项、第四项、第五项和第六项行为之一的，对策划者、组织者和骨干分子，予以开除。

公开发表反对宪法确立的国家指导思想，反对中国共产党领导，反对社会主义制度，反对改革开放的文章、演说、宣言、声明等的，予以开除。

第二十九条 不按照规定请示、报告重大事项，情节较重的，予以警告、记过或者记大过；情节严重的，予以降级或者撤职。

违反个人有关事项报告规定，隐瞒不报，情节较重的，予以警告、记过或者记大过。

篡改、伪造本人档案资料的，予以记过或者记大过；情节严重的，予以降级或者撤职。

第三十条 有下列行为之一的，予以警告、记过或者记大过；情节严重的，予以降级或者撤职：

（一）违反民主集中制原则，个人或者少数人决定重大事项，或者拒不执行、擅自改变集体作出的重大决定的；

（二）拒不执行或者变相不执行、拖延执行上级依法作出的决定、命令的。

第三十一条 违反规定出境或者办理因私出境证件的，予以记过或者记大过；情节严重的，予以降级或者撤职。

违反规定取得外国国籍或者获取境外永久居留资格、长期居留许可的，予以撤职或者开除。

第三十二条 有下列行为之一的，予以警告、记过或者记大过；情节较重的，予以降级或者撤职；情节严重的，予以开除：

（一）在选拔任用、录用、聘用、考核、晋升、评选等干部人事工作中违反有关规定的；

（二）弄虚作假，骗取职务、职级、衔级、级别、岗位和职员等级、职称、待遇、资格、学历、学位、荣誉、奖励或者其他利益的；

（三）对依法行使批评、申诉、控告、检举等权利的行为进行压制或者打击报复的；

（四）诬告陷害，意图使他人受到名誉损害或者责任追究等不良影响的；

（五）以暴力、威胁、贿赂、欺骗等手段破坏选举的。

第三十三条 有下列行为之一的，予以警告、记过或者记大过；情节较重的，予以降级或者撤职；情节严重的，予以开除：

（一）贪污贿赂的；

（二）利用职权或者职务上的影响为本人或者他人谋取私利的；

（三）纵容、默许特定关系人利用本人职权或者职务上的影响谋取私利的。

拒不按照规定纠正特定关系人违规任职、兼职或者从事经营活动，且不服从职务调整的，予以撤职。

第三十四条 收受可能影响公正行使公权力的礼品、

礼金、有价证券等财物的，予以警告、记过或者记大过；情节较重的，予以降级或者撤职；情节严重的，予以开除。

向公职人员及其特定关系人赠送可能影响公正行使公权力的礼品、礼金、有价证券等财物，或者接受、提供可能影响公正行使公权力的宴请、旅游、健身、娱乐等活动安排，情节较重的，予以警告、记过或者记大过；情节严重的，予以降级或者撤职。

第三十五条 有下列行为之一，情节较重的，予以警告、记过或者记大过；情节严重的，予以降级或者撤职：

（一）违反规定设定、发放薪酬或者津贴、补贴、奖金的；

（二）违反规定，在公务接待、公务交通、会议活动、办公用房以及其他工作生活保障等方面超标准、超范围的；

（三）违反规定公款消费的。

第三十六条 违反规定从事或者参与营利性活动，或者违反规定兼任职务、领取报酬的，予以警告、记过或者记大过；情节较重的，予以降级或者撤职；情节严重的，予以开除。

第三十七条 利用宗族或者黑恶势力等欺压群众，或者纵容、包庇黑恶势力活动的，予以撤职；情节严重的，予以开除。

第三十八条　有下列行为之一，情节较重的，予以警告、记过或者记大过；情节严重的，予以降级或者撤职：

（一）违反规定向管理服务对象收取、摊派财物的；

（二）在管理服务活动中故意刁难、吃拿卡要的；

（三）在管理服务活动中态度恶劣粗暴，造成不良后果或者影响的；

（四）不按照规定公开工作信息，侵犯管理服务对象知情权，造成不良后果或者影响的；

（五）其他侵犯管理服务对象利益的行为，造成不良后果或者影响的。

有前款第一项、第二项和第五项行为，情节特别严重的，予以开除。

第三十九条　有下列行为之一，造成不良后果或者影响的，予以警告、记过或者记大过；情节较重的，予以降级或者撤职；情节严重的，予以开除：

（一）滥用职权，危害国家利益、社会公共利益或者侵害公民、法人、其他组织合法权益的；

（二）不履行或者不正确履行职责，玩忽职守，贻误工作的；

（三）工作中有形式主义、官僚主义行为的；

（四）工作中有弄虚作假，误导、欺骗行为的；

（五）泄露国家秘密、工作秘密，或者泄露因履行职责掌握的商业秘密、个人隐私的。

第四十条 有下列行为之一的，予以警告、记过或者记大过；情节较重的，予以降级或者撤职；情节严重的，予以开除：

（一）违背社会公序良俗，在公共场所有不当行为，造成不良影响的；

（二）参与或者支持迷信活动，造成不良影响的；

（三）参与赌博的；

（四）拒不承担赡养、抚养、扶养义务的；

（五）实施家庭暴力，虐待、遗弃家庭成员的；

（六）其他严重违反家庭美德、社会公德的行为。

吸食、注射毒品，组织赌博，组织、支持、参与卖淫、嫖娼、色情淫乱活动的，予以撤职或者开除。

第四十一条 公职人员有其他违法行为，影响公职人员形象，损害国家和人民利益的，可以根据情节轻重给予相应政务处分。

第四章 政务处分的程序

第四十二条 监察机关对涉嫌违法的公职人员进行调查，应当由二名以上工作人员进行。监察机关进行调查时，有权依法向有关单位和个人了解情况，收集、调取证据。有关单位和个人应当如实提供情况。

严禁以威胁、引诱、欺骗及其他非法方式收集证据。

以非法方式收集的证据不得作为给予政务处分的依据。

第四十三条 作出政务处分决定前，监察机关应当将调查认定的违法事实及拟给予政务处分的依据告知被调查人，听取被调查人的陈述和申辩，并对其陈述的事实、理由和证据进行核实，记录在案。被调查人提出的事实、理由和证据成立的，应予采纳。不得因被调查人的申辩而加重政务处分。

第四十四条 调查终结后，监察机关应当根据下列不同情况，分别作出处理：

（一）确有应受政务处分的违法行为的，根据情节轻重，按照政务处分决定权限，履行规定的审批手续后，作出政务处分决定；

（二）违法事实不能成立的，撤销案件；

（三）符合免予、不予政务处分条件的，作出免予、不予政务处分决定；

（四）被调查人涉嫌其他违法或者犯罪行为的，依法移送主管机关处理。

第四十五条 决定给予政务处分的，应当制作政务处分决定书。

政务处分决定书应当载明下列事项：

（一）被处分人的姓名、工作单位和职务；

（二）违法事实和证据；

（三）政务处分的种类和依据；

（四）不服政务处分决定，申请复审、复核的途径和期限；

（五）作出政务处分决定的机关名称和日期。

政务处分决定书应当盖有作出决定的监察机关的印章。

第四十六条 政务处分决定书应当及时送达被处分人和被处分人所在机关、单位，并在一定范围内宣布。

作出政务处分决定后，监察机关应当根据被处分人的具体身份书面告知相关的机关、单位。

第四十七条 参与公职人员违法案件调查、处理的人员有下列情形之一的，应当自行回避，被调查人、检举人及其他有关人员也有权要求其回避：

（一）是被调查人或者检举人的近亲属的；

（二）担任过本案的证人的；

（三）本人或者其近亲属与调查的案件有利害关系的；

（四）可能影响案件公正调查、处理的其他情形。

第四十八条 监察机关负责人的回避，由上级监察机关决定；其他参与违法案件调查、处理人员的回避，由监察机关负责人决定。

监察机关或者上级监察机关发现参与违法案件调查、处理人员有应当回避情形的，可以直接决定该人员回避。

第四十九条 公职人员依法受到刑事责任追究的，监察机关应当根据司法机关的生效判决、裁定、决定及其认定的事实和情节，依照本法规定给予政务处分。

公职人员依法受到行政处罚，应当给予政务处分的，监察机关可以根据行政处罚决定认定的事实和情节，经立案调查核实后，依照本法给予政务处分。

监察机关根据本条第一款、第二款的规定作出政务处分后，司法机关、行政机关依法改变原生效判决、裁定、决定等，对原政务处分决定产生影响的，监察机关应当根据改变后的判决、裁定、决定等重新作出相应处理。

第五十条　监察机关对经各级人民代表大会、县级以上各级人民代表大会常务委员会选举或者决定任命的公职人员予以撤职、开除的，应当先依法罢免、撤销或者免去其职务，再依法作出政务处分决定。

监察机关对经中国人民政治协商会议各级委员会全体会议或者其常务委员会选举或者决定任命的公职人员予以撤职、开除的，应当先依章程免去其职务，再依法作出政务处分决定。

监察机关对各级人民代表大会代表、中国人民政治协商会议各级委员会委员给予政务处分的，应当向有关的人民代表大会常务委员会，乡、民族乡、镇的人民代表大会主席团或者中国人民政治协商会议委员会常务委员会通报。

第五十一条　下级监察机关根据上级监察机关的指定管辖决定进行调查的案件，调查终结后，对不属于本监察机关管辖范围内的监察对象，应当交有管理权限的监察机关依法作出政务处分决定。

第五十二条 公职人员涉嫌违法，已经被立案调查，不宜继续履行职责的，公职人员任免机关、单位可以决定暂停其履行职务。

公职人员在被立案调查期间，未经监察机关同意，不得出境、辞去公职；被调查公职人员所在机关、单位及上级机关、单位不得对其交流、晋升、奖励、处分或者办理退休手续。

第五十三条 监察机关在调查中发现公职人员受到不实检举、控告或者诬告陷害，造成不良影响的，应当按照规定及时澄清事实，恢复名誉，消除不良影响。

第五十四条 公职人员受到政务处分的，应当将政务处分决定书存入其本人档案。对于受到降级以上政务处分的，应当由人事部门按照管理权限在作出政务处分决定后一个月内办理职务、工资及其他有关待遇等的变更手续；特殊情况下，经批准可以适当延长办理期限，但是最长不得超过六个月。

第五章 复审、复核

第五十五条 公职人员对监察机关作出的涉及本人的政务处分决定不服的，可以依法向作出决定的监察机关申请复审；公职人员对复审决定仍不服的，可以向上一级监察机关申请复核。

监察机关发现本机关或者下级监察机关作出的政务处分决定确有错误的，应当及时予以纠正或者责令下级监察机关及时予以纠正。

第五十六条 复审、复核期间，不停止原政务处分决定的执行。

公职人员不因提出复审、复核而被加重政务处分。

第五十七条 有下列情形之一的，复审、复核机关应当撤销原政务处分决定，重新作出决定或者责令原作出决定的监察机关重新作出决定：

（一）政务处分所依据的违法事实不清或者证据不足的；

（二）违反法定程序，影响案件公正处理的；

（三）超越职权或者滥用职权作出政务处分决定的。

第五十八条 有下列情形之一的，复审、复核机关应当变更原政务处分决定，或者责令原作出决定的监察机关予以变更：

（一）适用法律、法规确有错误的；

（二）对违法行为的情节认定确有错误的；

（三）政务处分不当的。

第五十九条 复审、复核机关认为政务处分决定认定事实清楚，适用法律正确的，应当予以维持。

第六十条　公职人员的政务处分决定被变更，需要调整该公职人员的职务、职级、衔级、级别、岗位和职员等级或者薪酬待遇等的，应当按照规定予以调整。政务处分决定被撤销的，应当恢复该公职人员的级别、薪酬待遇，按照原职务、职级、衔级、岗位和职员等级安排相应的职务、职级、衔级、岗位和职员等级，并在原政务处分决定公布范围内为其恢复名誉。没收、追缴财物错误的，应当依法予以返还、赔偿。

公职人员因有本法第五十七条、第五十八条规定的情形被撤销政务处分或者减轻政务处分的，应当对其薪酬待遇受到的损失予以补偿。

第六章　法律责任

第六十一条　有关机关、单位无正当理由拒不采纳监察建议的，由其上级机关、主管部门责令改正，对该机关、单位给予通报批评，对负有责任的领导人员和直接责任人员依法给予处理。

第六十二条　有关机关、单位、组织或者人员有下列情形之一的，由其上级机关，主管部门，任免机关、单位或者监察机关责令改正，依法给予处理：

（一）拒不执行政务处分决定的；

（二）拒不配合或者阻碍调查的；

（三）对检举人、证人或者调查人员进行打击报复的；

（四）诬告陷害公职人员的；

（五）其他违反本法规定的情形。

第六十三条 监察机关及其工作人员有下列情形之一的，对负有责任的领导人员和直接责任人员依法给予处理：

（一）违反规定处置问题线索的；

（二）窃取、泄露调查工作信息，或者泄露检举事项、检举受理情况以及检举人信息的；

（三）对被调查人或者涉案人员逼供、诱供，或者侮辱、打骂、虐待、体罚或者变相体罚的；

（四）收受被调查人或者涉案人员的财物以及其他利益的；

（五）违反规定处置涉案财物的；

（六）违反规定采取调查措施的；

（七）利用职权或者职务上的影响干预调查工作、以案谋私的；

（八）违反规定发生办案安全事故，或者发生安全事故后隐瞒不报、报告失实、处置不当的；

（九）违反回避等程序规定，造成不良影响的；

（十）不依法受理和处理公职人员复审、复核的；

（十一）其他滥用职权、玩忽职守、徇私舞弊的行为。

第六十四条 违反本法规定，构成犯罪的，依法追究刑事责任。

第七章　附　　则

第六十五条　国务院及其相关主管部门根据本法的原则和精神，结合事业单位、国有企业等的实际情况，对事业单位、国有企业等的违法的公职人员处分事宜作出具体规定。

第六十六条　中央军事委员会可以根据本法制定相关具体规定。

第六十七条　本法施行前，已结案的案件如果需要复审、复核，适用当时的规定。尚未结案的案件，如果行为发生时的规定不认为是违法的，适用当时的规定；如果行为发生时的规定认为是违法的，依照当时的规定处理，但是如果本法不认为是违法或者根据本法处理较轻的，适用本法。

第六十八条　本法自2020年7月1日起施行。

中华人民共和国公务员法

（2005 年 4 月 27 日第十届全国人民代表大会常务委员会第十五次会议通过　根据 2017 年 9 月 1 日第十二届全国人民代表大会常务委员会第二十九次会议《关于修改〈中华人民共和国法官法〉等八部法律的决定》修正　2018 年 12 月 29 日第十三届全国人民代表大会常务委员会第七次会议修订　2018 年 12 月 29 日中华人民共和国主席令第 20 号公布　自 2019 年 6 月 1 日起施行）

目　　录

第一章　总　　则

第一条　为了规范公务员的管理，保障公务员的合法权益，加强对公务员的监督，促进公务员正确履职尽责，建设信念坚定、为民服务、勤政务实、敢于担当、清正廉洁的高素质专业化公务员队伍，根据宪法，制定本法。

第二条　本法所称公务员，是指依法履行公职、纳入国家行政编制、由国家财政负担工资福利的工作人员。

公务员是干部队伍的重要组成部分，是社会主义事业的中坚力量，是人民的公仆。

第三条　公务员的义务、权利和管理，适用本法。

法律对公务员中领导成员的产生、任免、监督以及监察官、法官、检察官等的义务、权利和管理另有规定的，从其规定。

第四条 公务员制度坚持中国共产党领导，坚持以马克思列宁主义、毛泽东思想、邓小平理论、“三个代表”重要思想、科学发展观、习近平新时代中国特色社会主义思想为指导，贯彻社会主义初级阶段的基本路线，贯彻新时代中国共产党的组织路线，坚持党管干部原则。

第五条 公务员的管理，坚持公开、平等、竞争、择优的原则，依照法定的权限、条件、标准和程序进行。

第六条 公务员的管理，坚持监督约束与激励保障并重的原则。

第七条 公务员的任用，坚持德才兼备、以德为先，坚持五湖四海、任人唯贤，坚持事业为上、公道正派，突出政治标准，注重工作实绩。

第八条 国家对公务员实行分类管理，提高管理效能和科学化水平。

第九条 公务员就职时应当依照法律规定公开进行宪法宣誓。

第十条 公务员依法履行职责的行为，受法律保护。

第十一条 公务员工资、福利、保险以及录用、奖励、培训、辞退等所需经费，列入财政预算，予以保障。

第十二条 中央公务员主管部门负责全国公务员的

综合管理工作。县级以上地方各级公务员主管部门负责本辖区内公务员的综合管理工作。上级公务员主管部门指导下级公务员主管部门的公务员管理工作。各级公务员主管部门指导同级各机关的公务员管理工作。

第二章　公务员的条件、义务与权利

第十三条　公务员应当具备下列条件：

（一）具有中华人民共和国国籍；

（二）年满十八周岁；

（三）拥护中华人民共和国宪法，拥护中国共产党领导和社会主义制度；

（四）具有良好的政治素质和道德品行；

（五）具有正常履行职责的身体条件和心理素质；

（六）具有符合职位要求的文化程度和工作能力；

（七）法律规定的其他条件。

第十四条　公务员应当履行下列义务：

（一）忠于宪法，模范遵守、自觉维护宪法和法律，自觉接受中国共产党领导；

（二）忠于国家，维护国家的安全、荣誉和利益；

（三）忠于人民，全心全意为人民服务，接受人民监督；

（四）忠于职守，勤勉尽责，服从和执行上级依法作出的决定和命令，按照规定的权限和程序履行职责，努力提高工作质量和效率；

（五）保守国家秘密和工作秘密；

（六）带头践行社会主义核心价值观，坚守法治，遵守纪律，恪守职业道德，模范遵守社会公德、家庭美德；

（七）清正廉洁，公道正派；

（八）法律规定的其他义务。

第十五条 公务员享有下列权利：

（一）获得履行职责应当具有的工作条件；

（二）非因法定事由、非经法定程序，不被免职、降职、辞退或者处分；

（三）获得工资报酬，享受福利、保险待遇；

（四）参加培训；

（五）对机关工作和领导人员提出批评和建议；

（六）提出申诉和控告；

（七）申请辞职；

（八）法律规定的其他权利。

第三章 职务、职级与级别

第十六条 国家实行公务员职位分类制度。

公务员职位类别按照公务员职位的性质、特点和管理需要，划分为综合管理类、专业技术类和行政执法类等类别。根据本法，对于具有职位特殊性，需要单独管理的，可以增设其他职位类别。各职位类别的适用范围由国家另行规定。

第十七条 国家实行公务员职务与职级并行制度，根据公务员职位类别和职责设置公务员领导职务、职级序列。

第十八条 公务员领导职务根据宪法、有关法律和机构规格设置。

领导职务层次分为：国家级正职、国家级副职、省部级正职、省部级副职、厅局级正职、厅局级副职、县处级正职、县处级副职、乡科级正职、乡科级副职。

第十九条 公务员职级在厅局级以下设置。

综合管理类公务员职级序列分为：一级巡视员、二级巡视员、一级调研员、二级调研员、三级调研员、四级调研员、一级主任科员、二级主任科员、三级主任科员、四级主任科员、一级科员、二级科员。

综合管理类以外其他职位类别公务员的职级序列，根据本法由国家另行规定。

第二十条 各机关依照确定的职能、规格、编制限额、职数以及结构比例，设置本机关公务员的具体职位，并确定各职位的工作职责和任职资格条件。

第二十一条 公务员的领导职务、职级应当对应相应的级别。公务员领导职务、职级与级别的对应关系，由国家规定。

根据工作需要和领导职务与职级的对应关系，公务员担任的领导职务和职级可以互相转任、兼任；符合规定资格条件的，可以晋升领导职务或者职级。

公务员的级别根据所任领导职务、职级及其德才表现、工作实绩和资历确定。公务员在同一领导职务、职级上，可以按照国家规定晋升级别。

公务员的领导职务、职级与级别是确定公务员工资以及其他待遇的依据。

第二十二条 国家根据人民警察、消防救援人员以及海关、驻外外交机构等公务员的工作特点，设置与其领导职务、职级相对应的衔级。

第四章 录　　用

第二十三条 录用担任一级主任科员以下及其他相当职级层次的公务员，采取公开考试、严格考察、平等竞争、择优录取的办法。

民族自治地方依照前款规定录用公务员时，依照法律和有关规定对少数民族报考者予以适当照顾。

第二十四条 中央机关及其直属机构公务员的录用，由中央公务员主管部门负责组织。地方各级机关公务员的录用，由省级公务员主管部门负责组织，必要时省级公务员主管部门可以授权设区的市级公务员主管部门组织。

第二十五条 报考公务员，除应当具备本法第十三条规定的条件以外，还应当具备省级以上公务员主管部门规定的拟任职位所要求的资格条件。

国家对行政机关中初次从事行政处罚决定审核、行政复议、行政裁决、法律顾问的公务员实行统一法律职业资格考试制度，由国务院司法行政部门商有关部门组织实施。

第二十六条 下列人员不得录用为公务员：

（一）因犯罪受过刑事处罚的；

（二）被开除中国共产党党籍的；

（三）被开除公职的；

（四）被依法列为失信联合惩戒对象的；

（五）有法律规定不得录用为公务员的其他情形的。

第二十七条 录用公务员，应当在规定的编制限额内，并有相应的职位空缺。

第二十八条 录用公务员，应当发布招考公告。招考公告应当载明招考的职位、名额、报考资格条件、报考需要提交的申请材料以及其他报考须知事项。

招录机关应当采取措施，便利公民报考。

第二十九条 招录机关根据报考资格条件对报考申请进行审查。报考者提交的申请材料应当真实、准确。

第三十条 公务员录用考试采取笔试和面试等方式

进行，考试内容根据公务员应当具备的基本能力和不同职位类别、不同层级机关分别设置。

第三十一条 招录机关根据考试成绩确定考察人选，并进行报考资格复审、考察和体检。

体检的项目和标准根据职位要求确定。具体办法由中央公务员主管部门会同国务院卫生健康行政部门规定。

第三十二条 招录机关根据考试成绩、考察情况和体检结果，提出拟录用人员名单，并予以公示。公示期不少于五个工作日。

公示期满，中央一级招录机关应当将拟录用人员名单报中央公务员主管部门备案；地方各级招录机关应当将拟录用人员名单报省级或者设区的市级公务员主管部门审批。

第三十三条 录用特殊职位的公务员，经省级以上公务员主管部门批准，可以简化程序或者采用其他测评办法。

第三十四条 新录用的公务员试用期为一年。试用期满合格的，予以任职；不合格的，取消录用。

第五章 考　　核

第三十五条 公务员的考核应当按照管理权限，全面考核公务员的德、能、勤、绩、廉，重点考核政治素质和工作实绩。考核指标根据不同职位类别、不同层级机关分别设置。

第三十六条 公务员的考核分为平时考核、专项考核和定期考核等方式。定期考核以平时考核、专项考核为基础。

第三十七条 非领导成员公务员的定期考核采取年度考核的方式。先由个人按照职位职责和有关要求进行总结，主管领导在听取群众意见后，提出考核等次建议，由本机关负责人或者授权的考核委员会确定考核等次。

领导成员的考核由主管机关按照有关规定办理。

第三十八条 定期考核的结果分为优秀、称职、基本称职和不称职四个等次。

定期考核的结果应当以书面形式通知公务员本人。

第三十九条 定期考核的结果作为调整公务员职位、职务、职级、级别、工资以及公务员奖励、培训、辞退的依据。

第六章 职务、职级任免

第四十条 公务员领导职务实行选任制、委任制和聘任制。公务员职级实行委任制和聘任制。

领导成员职务按照国家规定实行任期制。

第四十一条　选任制公务员在选举结果生效时即任当选职务；任期届满不再连任或者任期内辞职、被罢免、被撤职的，其所任职务即终止。

第四十二条　委任制公务员试用期满考核合格，职务、职级发生变化，以及其他情形需要任免职务、职级的，应当按照管理权限和规定的程序任免。

第四十三条　公务员任职应当在规定的编制限额和职数内进行，并有相应的职位空缺。

第四十四条　公务员因工作需要在机关外兼职，应当经有关机关批准，并不得领取兼职报酬。

第七章　职务、职级升降

第四十五条　公务员晋升领导职务，应当具备拟任职务所要求的政治素质、工作能力、文化程度和任职经历等方面的条件和资格。

公务员领导职务应当逐级晋升。特别优秀的或者工作特殊需要的，可以按照规定破格或者越级晋升。

第四十六条　公务员晋升领导职务，按照下列程序办理：

（一）动议；

（二）民主推荐；

（三）确定考察对象，组织考察；

（四）按照管理权限讨论决定；

（五）履行任职手续。

第四十七条 厅局级正职以下领导职务出现空缺且本机关没有合适人选的，可以通过适当方式面向社会选拔任职人选。

第四十八条 公务员晋升领导职务的，应当按照有关规定实行任职前公示制度和任职试用期制度。

第四十九条 公务员职级应当逐级晋升，根据个人德才表现、工作实绩和任职资历，参考民主推荐或者民主测评结果确定人选，经公示后，按照管理权限审批。

第五十条 公务员的职务、职级实行能上能下。对不适宜或者不胜任现任职务、职级的，应当进行调整。

公务员在年度考核中被确定为不称职的，按照规定程序降低一个职务或者职级层次任职。

第八章 奖 励

第五十一条 对工作表现突出，有显著成绩和贡献，或者有其他突出事迹的公务员或者公务员集体，给予奖励。奖励坚持定期奖励与及时奖励相结合，精神奖励与物质奖励相结合、以精神奖励为主的原则。

公务员集体的奖励适用于按照编制序列设置的机构

或者为完成专项任务组成的工作集体。

第五十二条 公务员或者公务员集体有下列情形之一的，给予奖励：

（一）忠于职守，积极工作，勇于担当，工作实绩显著的；

（二）遵纪守法，廉洁奉公，作风正派，办事公道，模范作用突出的；

（三）在工作中有发明创造或者提出合理化建议，取得显著经济效益或者社会效益的；

（四）为增进民族团结，维护社会稳定做出突出贡献的；

（五）爱护公共财产，节约国家资财有突出成绩的；

（六）防止或者消除事故有功，使国家和人民群众利益免受或者减少损失的；

（七）在抢险、救灾等特定环境中做出突出贡献的；

（八）同违纪违法行为作斗争有功绩的；

（九）在对外交往中为国家争得荣誉和利益的；

（十）有其他突出功绩的。

第五十三条 奖励分为：嘉奖、记三等功、记二等功、记一等功、授予称号。

对受奖励的公务员或者公务员集体予以表彰，并对受奖励的个人给予一次性奖金或者其他待遇。

第五十四条 给予公务员或者公务员集体奖励，按照规定的权限和程序决定或者审批。

第五十五条 按照国家规定，可以向参与特定时期、特定领域重大工作的公务员颁发纪念证书或者纪念章。

第五十六条 公务员或者公务员集体有下列情形之一的，撤销奖励：

（一）弄虚作假，骗取奖励的；

（二）申报奖励时隐瞒严重错误或者严重违反规定程序的；

（三）有严重违纪违法等行为，影响称号声誉的；

（四）有法律、法规规定应当撤销奖励的其他情形的。

第九章 监督与惩戒

第五十七条 机关应当对公务员的思想政治、履行职责、作风表现、遵纪守法等情况进行监督，开展勤政廉政教育，建立日常管理监督制度。

对公务员监督发现问题的，应当区分不同情况，予以谈话提醒、批评教育、责令检查、诫勉、组织调整、处分。

对公务员涉嫌职务违法和职务犯罪的，应当依法移送监察机关处理。

第五十八条 公务员应当自觉接受监督，按照规定请示报告工作、报告个人有关事项。

第五十九条 公务员应当遵纪守法，不得有下列行为：

（一）散布有损宪法权威、中国共产党和国家声誉的言论，组织或者参加旨在反对宪法、中国共产党领导和国家的集会、游行、示威等活动；

（二）组织或者参加非法组织，组织或者参加罢工；

（三）挑拨、破坏民族关系，参加民族分裂活动或者组织、利用宗教活动破坏民族团结和社会稳定；

（四）不担当，不作为，玩忽职守，贻误工作；

（五）拒绝执行上级依法作出的决定和命令；

（六）对批评、申诉、控告、检举进行压制或者打击报复；

（七）弄虚作假，误导、欺骗领导和公众；

（八）贪污贿赂，利用职务之便为自己或者他人谋取私利；

（九）违反财经纪律，浪费国家资财；

（十）滥用职权，侵害公民、法人或者其他组织的合法权益；

（十一）泄露国家秘密或者工作秘密；

（十二）在对外交往中损害国家荣誉和利益；

（十三）参与或者支持色情、吸毒、赌博、迷信等活动；

（十四）违反职业道德、社会公德和家庭美德；

（十五）违反有关规定参与禁止的网络传播行为或者

网络活动；

（十六）违反有关规定从事或者参与营利性活动，在企业或者其他营利性组织中兼任职务；

（十七）旷工或者因公外出、请假期满无正当理由逾期不归；

（十八）违纪违法的其他行为。

第六十条 公务员执行公务时，认为上级的决定或者命令有错误的，可以向上级提出改正或者撤销该决定或者命令的意见；上级不改变该决定或者命令，或者要求立即执行的，公务员应当执行该决定或者命令，执行的后果由上级负责，公务员不承担责任；但是，公务员执行明显违法的决定或者命令的，应当依法承担相应的责任。

第六十一条 公务员因违纪违法应当承担纪律责任的，依照本法给予处分或者由监察机关依法给予政务处分；违纪违法行为情节轻微，经批评教育后改正的，可以免予处分。

对同一违纪违法行为，监察机关已经作出政务处分决定的，公务员所在机关不再给予处分。

第六十二条 处分分为：警告、记过、记大过、降级、撤职、开除。

第六十三条 对公务员的处分，应当事实清楚、证据确凿、定性准确、处理恰当、程序合法、手续完备。

公务员违纪违法的，应当由处分决定机关决定对公务员违纪违法的情况进行调查，并将调查认定的事实以及拟给予处分的依据告知公务员本人。公务员有权进行陈述和申辩；处分决定机关不得因公务员申辩而加重处分。

处分决定机关认为对公务员应当给予处分的，应当在规定的期限内，按照管理权限和规定的程序作出处分决定。处分决定应当以书面形式通知公务员本人。

第六十四条 公务员在受处分期间不得晋升职务、职级和级别，其中受记过、记大过、降级、撤职处分的，不得晋升工资档次。

受处分的期间为：警告，六个月；记过，十二个月；记大过，十八个月；降级、撤职，二十四个月。

受撤职处分的，按照规定降低级别。

第六十五条 公务员受开除以外的处分，在受处分期间有悔改表现，并且没有再发生违纪违法行为的，处分期满后自动解除。

解除处分后，晋升工资档次、级别和职务、职级不再受原处分的影响。但是，解除降级、撤职处分的，不视为恢复原级别、原职务、原职级。

第十章 培 训

第六十六条 机关根据公务员工作职责的要求和提

高公务员素质的需要，对公务员进行分类分级培训。

国家建立专门的公务员培训机构。机关根据需要也可以委托其他培训机构承担公务员培训任务。

第六十七条 机关对新录用人员应当在试用期内进行初任培训；对晋升领导职务的公务员应当在任职前或者任职后一年内进行任职培训；对从事专项工作的公务员应当进行专门业务培训；对全体公务员应当进行提高政治素质和工作能力、更新知识的在职培训，其中对专业技术类公务员应当进行专业技术培训。

国家有计划地加强对优秀年轻公务员的培训。

第六十八条 公务员的培训实行登记管理。

公务员参加培训的时间由公务员主管部门按照本法第六十七条规定的培训要求予以确定。

公务员培训情况、学习成绩作为公务员考核的内容和任职、晋升的依据之一。

第十一章 交流与回避

第六十九条 国家实行公务员交流制度。

公务员可以在公务员和参照本法管理的工作人员队伍内部交流，也可以与国有企业和不参照本法管理的事业单位中从事公务的人员交流。

交流的方式包括调任、转任。

第七十条　国有企业、高等院校和科研院所以及其他不参照本法管理的事业单位中从事公务的人员，可以调入机关担任领导职务或者四级调研员以上及其他相当层次的职级。

调任人选应当具备本法第十三条规定的条件和拟任职位所要求的资格条件，并不得有本法第二十六条规定的情形。调任机关应当根据上述规定，对调任人选进行严格考察，并按照管理权限审批，必要时可以对调任人选进行考试。

第七十一条　公务员在不同职位之间转任应当具备拟任职位所要求的资格条件，在规定的编制限额和职数内进行。

对省部级正职以下的领导成员应当有计划、有重点地实行跨地区、跨部门转任。

对担任机关内设机构领导职务和其他工作性质特殊的公务员，应当有计划地在本机关内转任。

上级机关应当注重从基层机关公开遴选公务员。

第七十二条　根据工作需要，机关可以采取挂职方式选派公务员承担重大工程、重大项目、重点任务或者其他专项工作。

公务员在挂职期间，不改变与原机关的人事关系。

第七十三条　公务员应当服从机关的交流决定。

公务员本人申请交流的，按照管理权限审批。

第七十四条　公务员之间有夫妻关系、直系血亲关系、三代以内旁系血亲关系以及近姻亲关系的，不得在同一机关双方直接隶属于同一领导人员的职位或者有直接上下级领导关系的职位工作，也不得在其中一方担任领导职务的机关从事组织、人事、纪检、监察、审计和财务工作。

公务员不得在其配偶、子女及其配偶经营的企业、营利性组织的行业监管或者主管部门担任领导成员。

因地域或者工作性质特殊，需要变通执行任职回避的，由省级以上公务员主管部门规定。

第七十五条　公务员担任乡级机关、县级机关、设区的市级机关及其有关部门主要领导职务的，应当按照有关规定实行地域回避。

第七十六条　公务员执行公务时，有下列情形之一的，应当回避：

（一）涉及本人利害关系的；

（二）涉及与本人有本法第七十四条第一款所列亲属关系人员的利害关系的；

（三）其他可能影响公正执行公务的。

第七十七条　公务员有应当回避情形的，本人应当申请回避；利害关系人有权申请公务员回避。其他人员可以向机关提供公务员需要回避的情况。

机关根据公务员本人或者利害关系人的申请，经审查后作出是否回避的决定，也可以不经申请直接作出回避决定。

第七十八条 法律对公务员回避另有规定的，从其规定。

第十二章 工资、福利与保险

第七十九条 公务员实行国家统一规定的工资制度。

公务员工资制度贯彻按劳分配的原则，体现工作职责、工作能力、工作实绩、资历等因素，保持不同领导职务、职级、级别之间的合理工资差距。

国家建立公务员工资的正常增长机制。

第八十条 公务员工资包括基本工资、津贴、补贴和奖金。

公务员按照国家规定享受地区附加津贴、艰苦边远地区津贴、岗位津贴等津贴。

公务员按照国家规定享受住房、医疗等补贴、补助。

公务员在定期考核中被确定为优秀、称职的，按照国家规定享受年终奖金。

公务员工资应当按时足额发放。

第八十一条 公务员的工资水平应当与国民经济发展相协调、与社会进步相适应。

国家实行工资调查制度，定期进行公务员和企业相当人员工资水平的调查比较，并将工资调查比较结果作为调整公务员工资水平的依据。

第八十二条　公务员按照国家规定享受福利待遇。国家根据经济社会发展水平提高公务员的福利待遇。

公务员执行国家规定的工时制度，按照国家规定享受休假。公务员在法定工作日之外加班的，应当给予相应的补休，不能补休的按照国家规定给予补助。

第八十三条　公务员依法参加社会保险，按照国家规定享受保险待遇。

公务员因公牺牲或者病故的，其亲属享受国家规定的抚恤和优待。

第八十四条　任何机关不得违反国家规定自行更改公务员工资、福利、保险政策，擅自提高或者降低公务员的工资、福利、保险待遇。任何机关不得扣减或者拖欠公务员的工资。

第十三章　辞职与辞退

第八十五条　公务员辞去公职，应当向任免机关提出书面申请。任免机关应当自接到申请之日起三十日内予以审批，其中对领导成员辞去公职的申请，应当自接到申请之日起九十日内予以审批。

第八十六条　公务员有下列情形之一的，不得辞去公职：

（一）未满国家规定的最低服务年限的；

（二）在涉及国家秘密等特殊职位任职或者离开上述职位不满国家规定的脱密期限的；

（三）重要公务尚未处理完毕，且须由本人继续处理的；

（四）正在接受审计、纪律审查、监察调查，或者涉嫌犯罪，司法程序尚未终结的；

（五）法律、行政法规规定的其他不得辞去公职的情形。

第八十七条 担任领导职务的公务员，因工作变动依照法律规定需要辞去现任职务的，应当履行辞职手续。

担任领导职务的公务员，因个人或者其他原因，可以自愿提出辞去领导职务。

领导成员因工作严重失误、失职造成重大损失或者恶劣社会影响的，或者对重大事故负有领导责任的，应当引咎辞去领导职务。

领导成员因其他原因不再适合担任现任领导职务的，或者应当引咎辞职本人不提出辞职的，应当责令其辞去领导职务。

第八十八条 公务员有下列情形之一的，予以辞退：

（一）在年度考核中，连续两年被确定为不称职的；

（二）不胜任现职工作，又不接受其他安排的；

（三）因所在机关调整、撤销、合并或者缩减编制员额需要调整工作，本人拒绝合理安排的；

（四）不履行公务员义务，不遵守法律和公务员纪律，经教育仍无转变，不适合继续在机关工作，又不宜给予开除处分的；

（五）旷工或者因公外出、请假期满无正当理由逾期不归连续超过十五天，或者一年内累计超过三十天的。

第八十九条 对有下列情形之一的公务员，不得辞退：

（一）因公致残，被确认丧失或者部分丧失工作能力的；

（二）患病或者负伤，在规定的医疗期内的；

（三）女性公务员在孕期、产假、哺乳期内的；

（四）法律、行政法规规定的其他不得辞退的情形。

第九十条 辞退公务员，按照管理权限决定。辞退决定应当以书面形式通知被辞退的公务员，并应当告知辞退依据和理由。

被辞退的公务员，可以领取辞退费或者根据国家有关规定享受失业保险。

第九十一条 公务员辞职或者被辞退，离职前应当办理公务交接手续，必要时按照规定接受审计。

第十四章　退　　休

第九十二条　公务员达到国家规定的退休年龄或者完全丧失工作能力的，应当退休。

第九十三条　公务员符合下列条件之一的，本人自愿提出申请，经任免机关批准，可以提前退休：

（一）工作年限满三十年的；

（二）距国家规定的退休年龄不足五年，且工作年限满二十年的；

（三）符合国家规定的可以提前退休的其他情形的。

第九十四条　公务员退休后，享受国家规定的养老金和其他待遇，国家为其生活和健康提供必要的服务和帮助，鼓励发挥个人专长，参与社会发展。

第十五章　申诉与控告

第九十五条　公务员对涉及本人的下列人事处理不服的，可以自知道该人事处理之日起三十日内向原处理机关申请复核；对复核结果不服的，可以自接到复核决定之日起十五日内，按照规定向同级公务员主管部门或者作出该人事处理的机关的上一级机关提出申诉；也可以不经复核，自知道该人事处理之日起三十日内直接提出申诉：

（一）处分；

（二）辞退或者取消录用；

（三）降职；

（四）定期考核定为不称职；

（五）免职；

（六）申请辞职、提前退休未予批准；

（七）不按照规定确定或者扣减工资、福利、保险待遇；

（八）法律、法规规定可以申诉的其他情形。

对省级以下机关作出的申诉处理决定不服的，可以向作出处理决定的上一级机关提出再申诉。

受理公务员申诉的机关应当组成公务员申诉公正委员会，负责受理和审理公务员的申诉案件。

公务员对监察机关作出的涉及本人的处理决定不服向监察机关申请复审、复核的，按照有关规定办理。

第九十六条 原处理机关应当自接到复核申请书后的三十日内作出复核决定，并以书面形式告知申请人。受理公务员申诉的机关应当自受理之日起六十日内作出处理决定；案情复杂的，可以适当延长，但是延长时间不得超过三十日。

复核、申诉期间不停止人事处理的执行。

公务员不因申请复核、提出申诉而被加重处理。

第九十七条 公务员申诉的受理机关审查认定人事处理有错误的，原处理机关应当及时予以纠正。

第九十八条 公务员认为机关及其领导人员侵犯其合法权益的，可以依法向上级机关或者监察机关提出控告。受理控告的机关应当按照规定及时处理。

第九十九条 公务员提出申诉、控告，应当尊重事实，不得捏造事实，诬告、陷害他人。对捏造事实，诬告、陷害他人的，依法追究法律责任。

第十六章 职位聘任

第一百条 机关根据工作需要，经省级以上公务员主管部门批准，可以对专业性较强的职位和辅助性职位实行聘任制。

前款所列职位涉及国家秘密的，不实行聘任制。

第一百零一条 机关聘任公务员可以参照公务员考试录用的程序进行公开招聘，也可以从符合条件的人员中直接选聘。

机关聘任公务员应当在规定的编制限额和工资经费限额内进行。

第一百零二条 机关聘任公务员，应当按照平等自愿、协商一致的原则，签订书面的聘任合同，确定机关与所聘公务员双方的权利、义务。聘任合同经双方协商一致可以变更或者解除。

聘任合同的签订、变更或者解除，应当报同级公务员主管部门备案。

第一百零三条 聘任合同应当具备合同期限，职位及其职责要求，工资、福利、保险待遇，违约责任等条款。

聘任合同期限为一年至五年。聘任合同可以约定试用期，试用期为一个月至十二个月。

聘任制公务员实行协议工资制，具体办法由中央公务员主管部门规定。

第一百零四条 机关依据本法和聘任合同对所聘公务员进行管理。

第一百零五条 聘任制公务员与所在机关之间因履行聘任合同发生争议的，可以自争议发生之日起六十日内申请仲裁。

省级以上公务员主管部门根据需要设立人事争议仲裁委员会，受理仲裁申请。人事争议仲裁委员会由公务员主管部门的代表、聘用机关的代表、聘任制公务员的代表以及法律专家组成。

当事人对仲裁裁决不服的，可以自接到仲裁裁决书之日起十五日内向人民法院提起诉讼。仲裁裁决生效后，一方当事人不履行的，另一方当事人可以申请人民法院执行。

第十七章　法律责任

第一百零六条　对有下列违反本法规定情形的，由县级以上领导机关或者公务员主管部门按照管理权限，区别不同情况，分别予以责令纠正或者宣布无效；对负有责任的领导人员和直接责任人员，根据情节轻重，给予批评教育、责令检查、诫勉、组织调整、处分；构成犯罪的，依法追究刑事责任：

（一）不按照编制限额、职数或者任职资格条件进行公务员录用、调任、转任、聘任和晋升的；

（二）不按照规定条件进行公务员奖惩、回避和办理退休的；

（三）不按照规定程序进行公务员录用、调任、转任、聘任、晋升以及考核、奖惩的；

（四）违反国家规定，更改公务员工资、福利、保险待遇标准的；

（五）在录用、公开遴选等工作中发生泄露试题、违反考场纪律以及其他严重影响公开、公正行为的；

（六）不按照规定受理和处理公务员申诉、控告的；

（七）违反本法规定的其他情形的。

第一百零七条　公务员辞去公职或者退休的，原系领导成员、县处级以上领导职务的公务员在离职三年内，其他公务员在离职两年内，不得到与原工作业务直接相关的企业或者其他营利性组织任职，不得从事与原工作业务直接相关的营利性活动。

公务员辞去公职或者退休后有违反前款规定行为的，由其原所在机关的同级公务员主管部门责令限期改正；逾期不改正的，由县级以上市场监管部门没收该人员从业期间的违法所得，责令接收单位将该人员予以清退，并根据情节轻重，对接收单位处以被处罚人员违法所得一倍以上五倍以下的罚款。

第一百零八条 公务员主管部门的工作人员，违反本法规定，滥用职权、玩忽职守、徇私舞弊，构成犯罪的，依法追究刑事责任；尚不构成犯罪的，给予处分或者由监察机关依法给予政务处分。

第一百零九条 在公务员录用、聘任等工作中，有隐瞒真实信息、弄虚作假、考试作弊、扰乱考试秩序等行为的，由公务员主管部门根据情节作出考试成绩无效、取消资格、限制报考等处理；情节严重的，依法追究法律责任。

第一百一十条 机关因错误的人事处理对公务员造成名誉损害的，应当赔礼道歉、恢复名誉、消除影响；造成经济损失的，应当依法给予赔偿。